Rachel Nyaguthii Githiomi
Kennedy Muna Kuria

Prevalência de Rh D fraco nos dadores de sangue do RBTC Nairobi-Quénia

Rachel Nyaguthii Githiomi
Kennedy Muna Kuria

Prevalência de Rh D fraco nos dadores de sangue do RBTC Nairobi-Quénia

ScienciaScripts

Imprint

Cover image: www.ingimage.com

This book is a translation from the original published under ISBN 978-3-659-74600-0.

Publisher:
Sciencia Scripts
is a trademark of
Dodo Books Indian Ocean Ltd. and OmniScriptum S.R.L publishing group

120 High Road, East Finchley, London, N2 9ED, United Kingdom
Str. Armeneasca 28/1, office 1, Chisinau MD-2012, Republic of Moldova, Europe
Printed at: see last page
ISBN: 978-620-7-73079-7

Prevalência do fenótipo Rh D fraco na população de dadores de sangue do Centro Regional de Transfusão de Sangue de Nairobi - Quénia

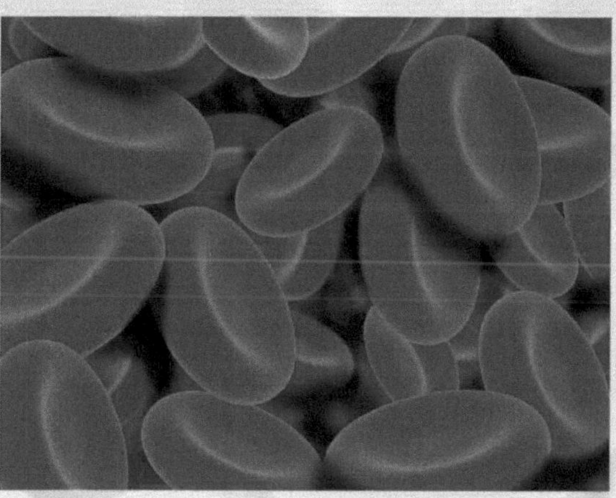

Autor:

Rachel Githiomi[1,2] . Kennedy M. Kuria[2]

1. Serviço Nacional de Transfusão de Sangue do Quénia (KNBTS)
2. Centro Regional de Transfusão de Sangue (RBTC) Nairobi
3. Universidade do Monte Quénia (MKU)

Correspondência

rachelgithiomi@gmail.com

Palavras-chave

Antigénio RhD fraco, D^u Teste, Microtitulação, Globulina anti-humana (AHG), Anti-D monoclonal

Divulgação: Os autores declaram não haver conflito de interesses em relação a este estudo.

Agradecimentos

Toda a equipa do Monte Quénia, toda a equipa do KNBTS, a família Githiomi e todos os dadores de sangue que deram o seu sangue voluntariamente para salvar vidas.

Resumo

O fenótipo D fraco (DU) é uma forma enfraquecida do antigénio Rh D que, na tipagem Rh D de rotina, não reage diretamente com o soro monoclonal potente anti-RhD, mas requer a adição de anti-globulina para mostrar a presença do antigénio D. Esta forma fraca do antigénio Rh D determina se um indivíduo é rhesus positivo ou negativo. Foi descrita em 1944 por Wiener e foi formalmente designada por DU. Em 1946, Stratton designou esta forma D como expressão fraca do antigénio Rh D. Os glóbulos vermelhos Rh D fracos têm o antigénio D, mas são em menor número por célula do que as células Rh D positivas normais.

O número de locais de antigénio Rh D nos glóbulos vermelhos Rh (D) positivos situa-se normalmente entre 9900 e 33000. O fenótipo D fraco parece ser uma variação quantitativa no número de locais de antigénio D no glóbulo vermelho (ou seja, 110 a 9000) por glóbulo vermelho. Isto faz com que seja muito importante identificar corretamente esta forma enfraquecida do antigénio D no grupo de dadores de sangue para garantir a segurança dos receptores. Os indivíduos que expressam D fraco não conseguem produzir anti-D quando expostos a um antigénio D completo normal, mas se os glóbulos vermelhos D fraco não forem corretamente identificados no sangue doado pelos dadores e rotulados como D fraco positivo e forem transfundidos para doentes D negativo, os doentes podem ser imunizados para produzir anti-D. Como receptores, os pacientes com o fenótipo D fraco devem ser considerados Rh (D)-negativos e, portanto, receber apenas hemácias Rh (D)-negativas (Daniel, 2010). Esta forma fraca do antigénio D está associada a substituições de aminoácidos na membrana.

A frequência do fenótipo D fraco em brancos é de aproximadamente 0,3% (3 em 1000). Esta frequência varia consoante o método e os reagentes utilizados, bem como a mistura racial testada. Também foi estabelecido que a frequência de D fraco entre os negros é mais elevada do que nos brancos.

O objetivo deste estudo foi determinar a prevalência pontual de antigénio RhD fraco no sangue doado no Centro Regional de Transfusão de Sangue de Nairobi (RBTC Nairobi). As amostras de sangue de dadores voluntários não remunerados que consentiram em doar sangue durante o período de estudo foram colhidas em tubos de 6 ml de ácido etilenodiamino tetracloro-acético (ETDA). Foram colhidas 384 amostras, que foram entregues ao laboratório nacional de tipagem de sangue. Das 384 amostras de sangue tipadas, 26 não conseguiram aglutinar-se nos métodos de microtítulo e de tubo. As 26 amostras foram submetidas ao teste de globulina anti-humana. 8 das amostras reagiram com AHG (teste Du), enquanto as restantes 18 amostras não mostraram qualquer aglutinação ou hemólise.

Os resultados elucidaram que a prevalência pontual do antigénio Rh D fraco no RBTC Nairobi é de 2,1% (8/384x100). Esta frequência é elevada quando comparada com a dos caucasianos, que se situa entre 0,2 e 0,3%, confirmando assim a maioria da literatura que já indicou que a prevalência do antigénio Rh D fraco nos negros é mais elevada do que nos brancos.

Lista de acrónimos e abreviaturas

D^U – Weakened form of Rh D antigen

DCT – Direct coomb Test

G/MLS – Grams per deciliters

HB – Haemoglobin

HBV – Hepatitis B virus

HCV – Hepatitis C virus

HDFN – Haemolytic Disease of the Fetus and the New Born

HIV – Human Immunodeficiency Virus

HTR – Haemolytic Transfusion Reaction

KNBTS – Kenya National Blood Transfusion Service

KG – Kilogram

RBTC – Regional Blood Transfusion Service

ÍNDICE DE CONTEÚDOS

CAPÍTULO I

1.0 Antecedentes

1.1 Introdução

O fenótipo D fraco (D^u) é uma forma enfraquecida do antigénio D que, na tipagem Rh D de rotina, não reage diretamente com o soro monoclonal potente anti-RhD, mas requer a adição de antiglobulina para demonstrar a presença do antigénio D. Esta forma fraca do antigénio D foi descrita em 1944 por Wiener e foi formalmente designada por D^u . Em 1946, Stratton designou esta forma como expressão fraca do antigénio D. Os eritrócitos D fracos têm o antigénio D, mas são em menor número por célula do que as células Rh D positivas normais. O número de locais do antigénio D nos glóbulos vermelhos Rh (D) positivos situa-se normalmente entre 9900 e 33000. O fenótipo D fraco parece ser uma variação quantitativa no número de locais de antigénio D nos glóbulos vermelhos (ou seja, 110 a 9000) por glóbulo vermelho. A frequência do fenótipo D fraco nos brancos é de aproximadamente 0,3% (3 em 1000). Esta frequência varia consoante o método e os reagentes utilizados e a mistura racial testada. Também foi estabelecido que a frequência de D fraco entre os negros é mais elevada do que nos brancos. (Agre PC, *et al;* 2002).

Os indivíduos que expressam D fraco não conseguem produzir anti-D quando expostos a um antigénio D completo normal, mas se os eritrócitos D fraco não forem corretamente identificados no sangue doado por dadores e rotulados como D fraco positivo e forem transfundidos para doentes D negativo, os doentes podem ser imunizados para produzir anti-D. Como receptores, os pacientes com o fenótipo D fraco devem ser considerados Rh (D)-negativos e, portanto, receber apenas hemácias Rh (D)-negativas (Daniel, 2010). Esta forma fraca do antigénio D está associada a substituições de aminoácidos nos domínios de membrana ou citosólicos da proteína RhD e não estão expostos ao exterior da membrana. A frequência do fenótipo D fraco em caucasianos é de aproximadamente 0,3 por cento (3 em 1000). No entanto, a frequência varia consoante o método utilizado, o reagente utilizado e a mistura racial testada, uma vez que a frequência de D fraco entre os negros é superior à dos brancos.

1.2 Declaração do problema

No Quénia, são necessárias 400 000 unidades de sangue por ano, mas apenas menos de metade destas são recolhidas (Kenya National Blood Transfusion, 2010). Todo o sangue doado é analisado serologicamente para deteção de antigénios RhD. Estas são apenas as unidades de sangue recolhidas pela Transfusão Nacional de Sangue do Quénia. Devido às questões de imunização associadas ao antigénio D, é muito importante que o estado do antigénio Rh D de todos os dadores seja determinado para garantir que o sangue não causa eventos adversos nos receptores e também que os dadores, alguns dos quais são mães e aspirantes a mães, não receberão necessariamente o anticorpo D (Rhogam).

1.3 Justificação do estudo

Os antigénios RhD do sistema do grupo sanguíneo Rh, em particular o D, são conhecidos por serem os mais imunogénicos, a seguir aos antigénios ABO. Os antigénios Rh D estão entre os antigénios clinicamente significativos porque causam reacções transfusionais hemolíticas graves a fatais (HTR) e doenças hemolíticas do feto e do recém-nascido (HDFN) que podem ocorrer em indivíduos D- quando expostos a antigénios D após transfusão ou gravidez.

O Quénia ainda não determinou a prevalência do fenótipo D fraco na população de dadores, o que justifica a realização deste estudo.

1.4. Hipótese

1.4.1 Hipótese nula-H_1 :

O antigénio D fraco na população de dadores de sangue do Centro Regional de Transfusão de Sangue de Nairobi não é prevalente.

1.4.1 Hipótese alternativa - H_2 .

O antigénio D fraco prevalece na população de dadores de sangue do Centro Regional de Transfusão de Sangue de Nairobi.

1.5. Objectivos

1.5.1 Objetivo geral.

Determinar a prevalência pontual do antigénio D fraco no sangue doado no RBTC de Nairobi

1.5.2 Objectivos específicos

Estabelecer a distribuição do antigénio D fraco no sangue doado no RBTC Nairobi em função da idade

Determinar o antigénio D fraco no sangue doado no RBTC Nairobi em relação ao género

Questões de investigação

1. Qual é a prevalência pontual de antigénios D fracos no sangue doado no RBTC Nairobi?
2. Qual é a distribuição dos antigénios D fracos em função da idade?
3. Qual é a distribuição dos antigénios D fracos em relação ao género?

1.6 Importância do estudo

O estudo revelará a prevalência pontual de antigénios Rh D fracos Rh D negativos no sangue doado em Nairobi, que pode ser associada a todo o país, com base no facto de Nairobi ser um condado cosmopolita em comparação com os outros 46 condados do Quénia. Isto permitirá ao KNBTS implementar estratégias de segurança do sangue destinadas a reduzir a imunização contra o antigénio RhD nos receptores e também nestes dadores. O estudo também servirá de base para outros estudos e intervenções. Nestas situações, o grupo sanguíneo Rh deve ser determinado através de uma análise serológica alargada para garantir práticas de transfusão e cuidados pré-natais/pós-natais melhores e mais seguros.

1.7 Delimitação do estudo:

O estudo centrar-se-á na variável dependente prevalência pontual de antigénios Rh D fracos e em duas variáveis independentes idade e sexo na população de dadores de sangue do CCR de Nairobi.

1.7.1 Limitações do estudo:

Alguns dos desafios esperados incluem restrições de tempo, falta de anti-soros de tipagem D alargados para permitir uma maior identificação das formas fracas do antigénio Rh D.

1.8 Pressuposto do estudo:

Que o número calculado de amostras de dadores será representativo da população de dadores em Nairobi, que os resultados serológicos serão válidos e que todos os instrumentos estarão em boas condições de armazenamento e a sua integridade não sofrerá interferências. Parte-se também do princípio de que os reagentes estarão a funcionar, incluindo as células de controlo.

CAPÍTULO 2

Revisão da literatura

2.1 Grupos sanguíneos

Os grupos sanguíneos (antigénios) são caracteres herdados na superfície dos glóbulos vermelhos e são detectados serologicamente por um aloanticorpo específico. Os sistemas de grupos sanguíneos consistem em um ou mais antigénios que são governados por um único locus genético ou por genes homólogos. (Daniels 2002). Os grupos sanguíneos são proteínas, glicoproteínas ou glicolípidos na superfície da membrana dos glóbulos vermelhos com várias funções, tais como transportadores, âncoras, enzimas e receptores. Foram descobertos em 1901 por Karl Landsteiner quando observou que o plasma de alguns indivíduos aglutinava glóbulos vermelhos de outros, mas não aglutinava outros. Nomeou os grupos sanguíneos como: A, B e O. Posteriormente, Decastello e Sturli acrescentaram um quarto grupo AB (Landsteiner, 1901, Daniels, 2002).

O sistema de grupos sanguíneos Rh foi descrito em 1939 por Levine e Stetson ao investigarem uma reação transfusional hemolítica (HTR) numa mulher que tinha dado à luz um nado-morto e que tinha reagido a uma transfusão de sangue do seu marido (Scott 2004, Levine e Stetson, 1939). No campo da medicina transfusional, os anticorpos dos sistemas de grupos sanguíneos ABO e Rh são os mais importantes do ponto de vista clínico, porque são capazes de causar reacções transfusionais hemolíticas (HTRs) e doença hemolítica do feto e do recém-nascido (HDFN), (Daniels *et al,* 2010). Em 2010, na Sociedade Internacional de Transfusão de Sangue, o comité de Terminologia para Antigénios de Superfície de Glóbulos Vermelhos relatou 328 grupos sanguíneos humanos, dos quais 284 estão contidos nos 30 sistemas de grupos sanguíneos. (Story. J.R, *et al;* 2011). Antes da década de 1950, os grupos sanguíneos humanos eram conhecidos como padrões de hereditariedade que só podiam ser detectados serologicamente.

A partir dos anos 50, com a ajuda da análise bioquímica, foi descoberta a estrutura dos antigénios de hidratos de carbono e de proteínas, o que ajudou a revelar as funções de alguns antigénios de grupos sanguíneos. Atualmente, sabe-se que alguns antigénios de grupos sanguíneos têm funções específicas, tais como transportadores de membrana observados em Diego (transportador de aniões), Kidd (transportador de ureia) e Colton (canal de água), receptores expressos por Duffy, glicoproteínas reguladoras do complemento observadas em Cromer e Knops, função enzimática como observado em Yt e como parte do glicocálix observado no antigénio MN. As funções das proteínas Rh e das glicoproteínas RhAG associadas a Rh ainda não são totalmente conhecidas, mas foram feitas muitas suposições devido às suas características estruturais de transportadores de membrana, sugerindo o seu envolvimento no transporte de amónio ou na manutenção da simetria dos fosfolípidos na membrana dos glóbulos vermelhos. Também foi sugerido que as proteínas Rh estão envolvidas no transporte de CO_2 e O_2 (Daniel, 2002, Daniels, *et, al* 2010). Todas estas hipóteses estão ainda por confirmar.

A maioria dos 30 sistemas de grupos sanguíneos definidos apresenta o fenótipo nulo, que está associado à falta de expressão do antigénio específico do grupo sanguíneo nas membranas dos glóbulos vermelhos. O fenótipo nulo é detectado serologicamente pela ausência de aglutinação com anti-soros específicos. A análise molecular revelou que os fenótipos nulos são causados por mutações, incluindo: deleções, mutações missense, mutações frameshift, intrões, local de splice e mutações do promotor que causam a falta de expressão do antigénio na superfície dos glóbulos vermelhos. Os fenótipos nulos são raros mas clinicamente significativos.

Os indivíduos com fenótipos nulos estão em risco de imunização devido à transfusão de sangue incompatível ou à gravidez através de hemorragia materna fetal.

Também foram relatadas variações na expressão de antigénios causadas por duplicações de nucleótidos e genes híbridos, tal como se observa no RhD fraco e/ou parcial (Daniels, *et al,* 2010).

2.2 O grupo sanguíneo Rh

O sistema de grupos sanguíneos Rh foi descoberto em 1939 por Levine e Stetson ao investigarem o soro de uma mãe que tinha dado à luz um nado-morto e que desenvolveu uma reação transfusional hemolítica com uma transfusão de sangue do seu marido. O seu soro aglutinou os glóbulos vermelhos do marido e os de 80% dos dadores ABO compatíveis. [Scott ML 2004]. Infelizmente, não deram nome ao anticorpo recém-descoberto. Em 1940, Landsteiner e Wiener produziram um anticorpo através da introdução de glóbulos vermelhos de macaco rhesus em coelhos. O soro de coelho aglutinou glóbulos vermelhos de macaco Rhesus e também 85% de glóbulos vermelhos humanos; o anticorpo foi denominado anti-Rh. Em 1941, o anticorpo humano de Levine e Stetson demonstrou ser semelhante ao anticorpo anti-Rh, mas mais tarde foi demonstrado que os dois anticorpos (humano e animal) eram diferentes e o anticorpo humano foi rebaptizado como anti-D do sistema do grupo sanguíneo Rh. (Scott ML, 2004, Daniels, 2002)

2.3 Os antigénios Rh

O sistema de grupos sanguíneos Rh é o sistema de grupos sanguíneos humanos mais complexo, com 50 antigénios de grupos sanguíneos definidos, expressos apenas nas membranas dos glóbulos vermelhos (Daniels, 2010).

O antigénio D é altamente imunogénico, o que o torna o antigénio mais significativo do ponto de vista clínico no sistema Rh. 85% dos indivíduos D-negativos produzirão anti-D se forem transfundidos com 200 ml de sangue D-positivo; o anti-D é facilmente produzido em mães D-negativas com um feto D-positivo, levando a riscos de HDFN. O HDFN é causado pelos anticorpos maternos IgG anti-D produzidos pela mãe Rh D-negativa contra um feto RhD-positivo.
Os aloanti-D adquiridos por transfusão e durante a gravidez podem causar HTR e/ou HDFN importantes quando atravessam a placenta e se ligam aos glóbulos vermelhos fetais, marcando-os

para destruição (Wagner, *et al,* 2010). O conhecimento do contexto genético do sistema de grupos sanguíneos Rh levou à determinação da estrutura da proteína Rh na membrana dos glóbulos vermelhos. Os antigénios Rh estão situados em duas proteínas RhD e RhCE presentes na membrana dos glóbulos vermelhos. As proteínas Rh atravessam a membrana dos glóbulos vermelhos 12 vezes, com 6 anéis extracelulares e 5 anéis intracelulares com terminais N e C localizados no citoplasma. Como se pode ver na figura 1.

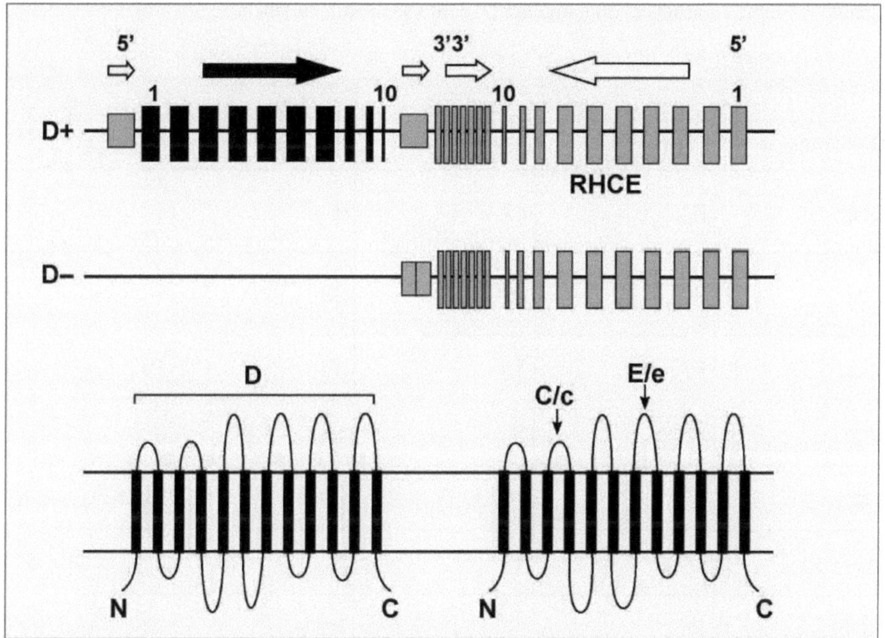

Fig 1: Representação esquemática dos polipéptidos D e CcEe que atravessam a membrana dos glóbulos vermelhos 12 vezes. Figura adaptada de (Daniels 2005)

2.4 Polimorfismo RhD e sua base molecular

Os antigénios dos grupos sanguíneos Rh são codificados por dois genes intimamente ligados, o RHD e o RHCE, localizados no braço curto do cromossoma 1 (1p36.11). O gene RHCE foi o primeiro a ser descrito em 1990, seguido da descoberta do RHD dois anos mais tarde (Daniel, 2002). O gene RHD codifica o antigénio RhD e o gene RHCE codifica os dois pares de antigénios antitéticos Rh C/c e Rh E/e (Daniels et al; 2010). Os dois genes Rh (RHD e RHCE) são quase semelhantes em termos de disposição genómica; cada um tem 417 aminoácidos em 10 exões dispostos em orientação oposta no cromossoma, ou seja, disposição cauda-a-cauda, com o gene SMP1 entre eles. Não há provas que indiquem que a função do gene SMP1 esteja ligada à RH. Embora as proteínas RhD e RhCcEe tenham 417 aminoácidos cada, diferem entre 32-35 aminoácidos na sua sequência. As duas extremidades do RHD têm um segmento de DNA chamado caixa e cada caixa tem 9.000 pares de bases. O D representa a presença do antigénio D na membrana dos glóbulos vermelhos, mas não foi encontrado nenhum antigénio antitético ao D ("d"). O fenótipo D negativo resulta da ausência da proteína RhD na membrana dos glóbulos vermelhos e é normalmente causado pela deleção completa do gene RhD entre as duas caixas Rh e é marcado com "d" para indicar a ausência do antigénio RhD. Os antigénios Rh são herdados como haplótipos e os fenótipos Rh mais comuns incluem CDe, dce, cDE, cDe, cdE, Cde, CDE e CdE, também designados por R^1 , r, R2 R^O , rr'', r', R^Z , r^y . Nestes casos, "R" indica a presença do antigénio D, enquanto "r" indica a ausência do antigénio D, como se mostra na tabela 1.

Quadro 1: Apresentação de oito haplótipos RhD e respectivas frequências

Haplotype		Frequencies		
Fisher-Race	Weiner	English (%)	Nigerian	Chinese
Dce	R^1	42	6	73
Dce	R	39	20	2
DcE	R^2	14	12	19
Dce	R^o	3	59	3
dcE	rr''	1	Rare	Rare
dCe	r'	1	3	2
DCE	R^z	<1	Rare	<1
dCE	r^y	Rare	Rare	<1

Tabela 1: Mostrando oito haplótipos e suas frequências nas populações inglesa, nigeriana e chinesa. Adotado (Daniels 2010)

Um gene semelhante aos genes RHD e RHCE é a glicoproteína associada Rh AG, que é codificada pelo gene RHAG localizado no cromossoma 6 em 6p12-p21. Durante a eritropoiese, RhAG aparece nos precursores eritróides antes dos antigénios D C, c, E e e. O RhAG é necessário para a expressão dos antigénios Rh na membrana dos glóbulos vermelhos (Daniels, 2002).

2.5 Variantes do antigénio D

A expressão do antigénio D nos glóbulos vermelhos varia muito em todos os fenótipos, desde a expressão muito aumentada observada em indivíduos com fenótipo C, c, E, e ausente devido à deleção (D-) até ao D fraco ou mesmo ao extremo do antigénio Del, em que o antigénio D não pode ser detectado pelos métodos serológicos de rotina, mas apenas por métodos especiais como a adsorção e a eluição [Daniels, et *al;* 2010].

O fenótipo Del é comum no Extremo Oriente, especialmente entre a população chinesa e japonesa, onde aproximadamente 10% a 30% dos indivíduos D- têm o fenótipo Del (Daniels 2002, Scott M.L; 2004). Em Taiwan, a explicação mais possível para o fenótipo Del está associada a uma deleção de 1013 pares de bases (pb) de RHD dos intrões 8 para os intrões 9, comprimindo o exão 9. [Daniels 2002]. Outra explicação para o fenótipo Del pode dever-se a uma integração incompleta da proteína RhD na membrana dos glóbulos vermelhos (Flegel *et al:* 2007).

Na população caucasiana, o fenótipo D negativo é quase sempre causado pela deleção de todo o gene RHD. Nos negros africanos, 66% dos fenótipos D negativos estão associados a homozigotia ou hemizigotia para um gene RHD completo, mas inativo, conhecido como pseudogene RHD, que é designado por RHD. Este gene inativo é causado por uma mutação sem sentido no exão 6 e uma duplicação de 37 pares de bases que introduz um códão de paragem prematuro no exão 4, produzindo uma proteína RhD encurtada. Outro gene anormal associado a fenótipos D negativos em africanos é o gene híbrido RHD-CE-D^S . Este gene híbrido tem exões tanto para o gene RHD como para o RHCE e não produz proteína D (Daniel 2002).

Outra variante D é o fenótipo Rh nulo, em que a membrana dos glóbulos vermelhos não possui todos os antigénios Rh, o que é causado pela deleção do gene RHAG. (O antigénio D é o mais imunogénico dos antigénios Rh e é também o mais significativo do ponto de vista clínico no domínio da medicina de transfusão e transplantação.

A expressão do antigénio D depende da estrutura da proteína RhD. As alterações no gene RHD provocam alterações na estrutura das proteínas Rh D. As alterações na proteína Rh podem alterar os epítopos na membrana dos glóbulos vermelhos.

Muitas variações no fenótipo Rh D são causadas por uma série de alterações, incluindo duplicações, mutações missense, mutações frameshift e inativação do gene. Estas alterações são classificadas em duas categorias de fenótipos D, tais como: fenótipo D quantitativo (fraco), em que o indivíduo não produz anti-D, e fenótipo D qualitativo (parcial), em que um indivíduo é capaz de produzir anti-D quando exposto ao antigénio D (Daniels, 2010, Avent e Reid, 2000). A frequência do antigénio D em caucasianos é de até 88%, 95% em africanos negros e quase 100% no Extremo Oriente. (A determinação do D fraco e do D parcial por métodos serológicos envolve a utilização de anticorpos monoclonais comerciais que detectam apenas um epítopo. Uma análise de testes com muitos desses anticorpos contra eritrócitos que expressam diferentes variantes de D levou à definição de 30 padrões de reação (Daniels 2010). Mesmo com estes muitos anticorpos contra os antigénios dos glóbulos vermelhos que expressam diferentes variantes D e que apresentam padrões de reação, a determinação do antigénio RhD pode continuar a ser um desafio devido aos múltiplos epítopos conformacionais do antigénio D e também devido aos numerosos métodos de tipagem D utilizados atualmente. É agora um facto que o antigénio D depende da estrutura da proteína RhD.

O número de locais de antigénio D no fenótipo D fraco situa-se entre 100 e 4000 por glóbulo vermelho, em comparação com o antigénio D presente nos glóbulos vermelhos Rh D positivos, que varia entre 9900 e 33000 (Daniel, 2002). Alguns fenótipos D parciais, como o DVI e o DIVa, têm um número normal ou superior de sítios D por célula, enquanto outros, como o DVI tipos I e II, demonstraram ter uma densidade de sítios D muito baixa. As alterações no gene RHD podem alterar a sequência de aminoácidos da proteína RhD, o que pode afetar a estrutura e a expressão do antigénio na membrana dos glóbulos vermelhos, alterando ou criando novos epítopos.

Na D fraca, todo o antigénio D está presente, mas com uma expressão fraca, pelo que estes indivíduos não conseguem produzir anti-D quando imunizados com antigénio D, enquanto na D parcial falta uma parte do antigénio D e está associada ao gene híbrido RHD-CE-D ou a mutações pontuais RHD. Os indivíduos com D parcial são capazes de produzir um anticorpo para os epítopos que lhes faltam se forem expostos ao antigénio D. Formalmente, a D parcial foi agrupada em seis categorias D" a D^{V} " com base na sua reatividade distinta com soros policlonais anti-D de doentes parciais imunizados. A DVI é uma das D parciais mais comuns e mais significativas do ponto de vista clínico, uma vez que lhe falta a maior parte dos epítopos D em comparação com outras variantes D [Wagner 1999]. Esta D $parcial^{V}$ " está associada à substituição dos exões 4-6 do gene RHD pelos exões 4-6 do gene RHCE (Daniels 2005). Nas práticas de transfusão, são utilizados reagentes monoclonais anti-D para classificar as D parciais com base nos diferentes padrões de reação. Estes diferentes reagentes monoclonais reconhecem diferentes epítopos do antigénio D (Wagner, 1998, Daniels, 2010).

2.4 Imunização anti-D

Todos os anticorpos Rh são produzidos em resposta à imunização com glóbulos vermelhos. A formação de anticorpos Rh pode dever-se a transfusões de sangue ou à gravidez. Os anticorpos Rh são IgG e reagem melhor a 37° c, pelo que são considerados como causas potenciais de HTR e HDFN.

Nas práticas transfusionais, a tipagem serológica de rotina é utilizada para a deteção dos anticorpos Rh utilizando dois soros monoclonais anti-D comerciais. É muito importante para a prática transfusional detetar e identificar corretamente os fenótipos variantes de D nos dadores para reduzir o risco de aloimunização através do sangue e dos produtos sanguíneos. Na prevenção da aloimunização anti-D, o sangue e os produtos sanguíneos D positivos não devem ser transfundidos para doentes D negativos e também o sangue e os produtos sanguíneos D positivos não devem ser transfundidos em mulheres em idade fértil que sejam Rh D negativas para evitar o risco de HDFN. No Reino Unido e noutros países desenvolvidos, foi introduzida a imunoglobulina humana anti-D (IgG) profilática em mulheres Rh D negativo durante a gravidez e no parto para prevenir a aloimunização e reduzir os riscos de FDN.

CAPÍTULO 3

Metodologia

3.1 Área de estudo

O Centro de Transfusão de Sangue de Nairobi, no condado de Nairobi, é um dos 20 centros de transfusão de sangue do KNBTS. É um dos primeiros centros de transfusão de sangue a ser criado no Quénia no ano 2000. O seu principal mandato consiste em recolher sangue, processar, testar, armazenar em grupo e distribuir aos hospitais utilizadores da região do condado de Nairobi e arredores.

3.2 A conceção do estudo

Será utilizado um modelo de estudo experimental em que a análise das amostras será efectuada em amostras seleccionadas de dadores de sangue.

3.3 Método de amostragem

Foi utilizado um método de amostragem sistemático para as amostras de sangue doado e cada 23rd unidades de sangue doado foram seleccionadas de acordo com a fórmula de Fisher *et al* 2002.

3.4 População do estudo

A população do estudo foram os dadores de sangue que doaram sangue no CCRB de Nairobi durante o período do estudo.

3.5 Critérios de seleção

3.5.1 Critérios de inclusão: Sangue doado no RBTC de Nairobi por dadores com idades compreendidas entre os 16 e os 65 anos, independentemente do sexo, durante o período de estudo, e que tenham consentido nas dádivas.

3.5.2 Critérios de exclusão: Aqueles que não se qualificaram e não consentiram com a doação de sangue e aqueles que doaram em outros RBTCs e Satélites.

3.6 Considerações éticas

Foram utilizadas as considerações éticas de Helzinks de 2002, cujo princípio operacional estabelece que A investigação deve basear-se num conhecimento aprofundado dos antecedentes científicos (artigo II), numa avaliação cuidadosa dos riscos e benefícios (artigos 16.º e 17.º), ter uma probabilidade razoável de benefício para a população estudada (artigo 19.º) e ser realizada por investigadores com formação adequada (artigo 15.º), utilizando protocolos aprovados, sujeitos a uma análise ética independente e à supervisão de um comité de propriedade convocado (artigo 13.º). A informação relativa ao estudo deve estar disponível ao público (artigo 16.º). As publicações éticas abrangem a publicação dos resultados e a consideração de qualquer potencial conflito de interesses (artigo 27.º). As investigações experimentais devem ser sempre comparadas com os melhores métodos, mas em determinadas circunstâncias pode ser utilizado um placebo ou um grupo sem tratamento (artigo 29.º). Os interesses do sujeito após o estudo devem fazer parte da avaliação ética global, incluindo a garantia do seu acesso aos melhores cuidados comprovados (artigo 30.º). Sempre que possível, os métodos não comprovados devem ser testados no contexto da investigação em que exista uma convicção razoável de possíveis benefícios (artigo 32.º) - 2008: sexta revisão, 59th meeting, Seul.

Foi respeitado o seguinte:

1. Foi pedida autorização para a investigação ao comité de ética da Universidade do Monte Quénia e ao Diretor dos Serviços Nacionais de Transfusão de Sangue do Quénia.

2. Foram utilizados códigos para a identificação das amostras dos dadores de sangue em vez do seu nome.

3. O resultado do estudo será partilhado entre os sujeitos, o pessoal e o investigador, e a organização para acções futuras.

3.7 Dimensão da amostra e amostragem

3.7.1 Determinação da dimensão da amostra

A fórmula de Fisher et al (Fisher *et, al;* 2002)

$N = Z^2 P (1-P) / d^2$ será utilizado para a dimensão da amostra com base nos seguintes pressupostos

Onde:

n = a dimensão da amostra pretendida, (N= 384)

P = prevalência nacional de antigénios Rh D fracos 0,5%

d = o nível de significância fixado = 5% (0,05)

z = padrão, correspondente a 95% de confiança; (1,96)

N= (1,962x0,5 (1-0,5)/0,05^2 =384 amostras

3.8 Variáveis do estudo

3.8.1 Variável independente: Antigénio Rh D fraco no sangue doado.

3.8.2 Variável dependente: Idade e sexo em relação ao antigénio Rh D fraco

CAPÍTULO 4

Procedimento de ensaio

4.1 Materiais/Requisitos

Dadores de sangue, sacos de sangue, Vacutainer roxo/lavanda [EDTA], amostra de sangue e placas de microtítulo Centrifugadoras, espelho de aumento, agitador, tubos de ensaio, micropipetas e micropipetas multicanal, luvas, contentor para eliminação de resíduos biológicos, cloreto de sódio analítico (NaCl) hipoclorito de sódio para descontaminação, registos, banho-maria com canetas, frigorífico, balança analítica, banho-maria, incubadora, lâminas de vidro, pipetas de plástico descartáveis, microscópio, placas de microtitulação e destilador.

4.2 Reagentes

- Antisoros monoclonais D
- Reagente de globulina anti-humana [AHG]
- Solução salina normal
- Água destilada
- Células de controlo [células O Rh D positivas e negativas]

4.3 Método/Técnica

4.3.1 Método de aglutinação serológica: foram utilizados os métodos de microtítulo e de tubo

4.3.2 Princípio do teste: Baseia-se na hemaglutinação

4.3.3 Tipagem Rh D Procedimento em microtitulação

- As placas de microtitulação foram devidamente rotuladas com os números dos dadores
- Distribuir 1 gota de anticorpo monoclonal anti-D em todos os poços
- Adicionou-se uma gota de amostra aos respectivos poços
- As placas de microtitulação com o conteúdo foram colocadas na centrífuga de microtitulação e centrifugadas a 2000 rpm durante 1 minuto
- A placa foi agitada com o agitador durante um minuto
- Os resultados foram observados e interpretados com a ajuda do visor do espelho de aumento
- A aglutinação foi interpretada como positiva (antigénios RhD presentes). Os que não

aglutinaram foram identificados como Rh D negativo e a tipagem Rh D foi repetida utilizando o método do tubo.

- As células de controlo serão tratadas como células de ensaio

4.3.4. Método dos tubos

- Foram identificadas amostras não reactivas
- 26 tubos de ensaio foram rotulados com os números dos dadores de sangue não reativo
- Foram colocadas 2 gotas de amostras de sangue nos respectivos tubos.
- Em todos os tubos de ensaio foram adicionadas 2 gotas de anti D monoclonal
- Todo o conteúdo dos tubos foi colocado na centrifugadora de amostras.
- Centrifugar a 1000rpm durante 1 minuto.
- Os resultados foram lidos tanto a nível macroscópico como microscópico.
- Os resultados foram interpretados da seguinte forma: aglutinação como positiva para antigénios Rh D e ausência de aglutinação como antigénio Rh D negativo.

4.3. 5 D^U Teste [AHG ou IATtest]

- O conteúdo de todos os 26 tubos de ensaio (Rh D negativo) foi incubado a 37° c em banho-maria durante 60 minutos.
- O conteúdo de todos os tubos de ensaio foi lavado três vezes com solução salina normal e, na última lavagem, o sobrenadante foi eliminado e foi preparada uma suspensão celular salina a 2%.
- Um novo conjunto de 26 tubos de ensaio foi etiquetado com os números dos respectivos dadores
- Foram colocadas 2 gotas de suspensão celular salina a 2% nos respectivos tubos de ensaio.
- Adicionou-se 1 gota de globulina anti-humana (AHG) e misturou-se suavemente
- O conteúdo de todos os tubos foi centrifugado a 1.000 rpm durante 1 minuto
- Exame microscópico e macroscópico para deteção de aglutinação ou hemólise
- Os resultados foram registados como aglutinação ou hemólise Du positivo e ausência como D^U negativo.
- Os tubos de ensaio que mostraram aglutinação foram classificados e os resultados registados como D^U positivo, o que foi interpretado como antigénios D fracos positivos.

O teste D^u é um teste indireto de antiglobulina que utiliza as hemácias do doente e um anti-D IgG.

Tem de ser utilizado um anti-D IgG porque o soro de antiglobulina contém anti-IgG. O teste D^u , tal como outras tipagens de antigénios feitas com um teste de antiglobulina, é controlado através da realização de um teste direto de globulina anti-humana (DAT) nas células de teste. O teste direto de globulina anti-humana funciona como um autocontrolo que revela se as células de teste estão sensibilizadas com anticorpos in vivo. Se o DAT for positivo, o teste D^u é inválido, uma vez que será positivo quer o doente seja ou não um D fraco.

CAPÍTULO 5

Análise e gestão de dados

Os dados foram limpos, codificados, armazenados num manual e introduzidos numa folha de cálculo MS-excel, sendo depois analisados utilizando o Statistical Package for Social Sciences (SPSS) Versão 22. A apresentação foi feita através de gráficos de pizza, gráficos de barras e tabelas.

5.1 Resultados

As 384 amostras de dadores de sangue foram fenotipadas (agrupadas) utilizando reagentes monoclonais anti-D. 358 aglutinaram-se diretamente com o anti-D na tipagem inicial em microtitulação. 26 amostras não reagiram diretamente com o anti-D, pelo que foram novamente tipadas utilizando o método de tubos. No método de tubos não se verificou aglutinação, pelo que foi efectuado um teste indireto de globulina anti-humana (D^u). 8 dos 26 tubos apresentaram aglutinação quando testados com o teste de globulina anti-humana, como se mostra a seguir

Quadro 2: Género dos dadores de sangue

Gender	Frequency	Percent	Cumulative Percent
Male	236	61.5	61.5
Female	148	38.5	100.0
Total	**384**	**100.0**	

Tabela 4: Prevalência do antigénio Rh D fraco entre os dadores de sangue

	Frequency	Percent	Cumulative Percent
Other type of donors	376	97.9	97.9
Weak Rh D antigen	8	2.1	100.0
Total	**384**	**100.0**	

Gráfico 1: Prevalência do antigénio Rh D fraco

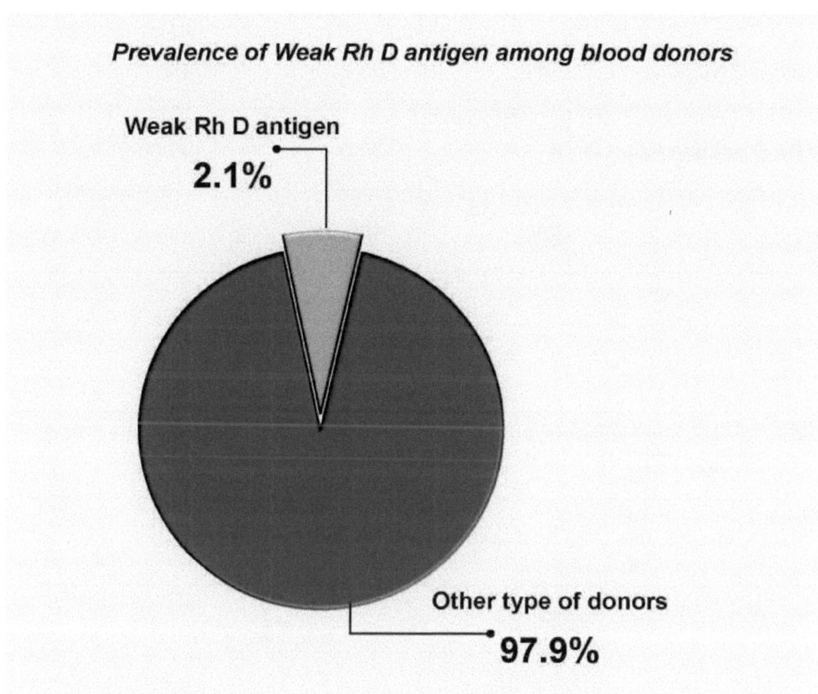

Quadro 5: Resultados da tipagem do antigénio Rh D (método da placa de microtítulo)

	Frequency	Percent	Cumulative Percent
Rh D antigen Positive	358	93.23	93.23
Rh D antigen Negative	26	6.80	100.00
Total	**384**	**100.00**	

Tabela 6: Resultados da tipagem do antigénio Rh D (método de tubo e teste D^U)

	Frequency	Percent	Cumulative Percent
Rh D antigen Negative	18	69.2	69.2
Weak Rh D antigen Positive	8	30.8	100.0
Total	**26**	**100.0**	

Quadro 7: Antigénio Rh D fraco Positivo em relação ao género

Gender	Frequency	Percent	Cumulative Percent
Male	4	50	50
Female	4	50	100
Total	**8**	**100**	

Gráfico de pizza 2: Rh D fraco em relação ao género

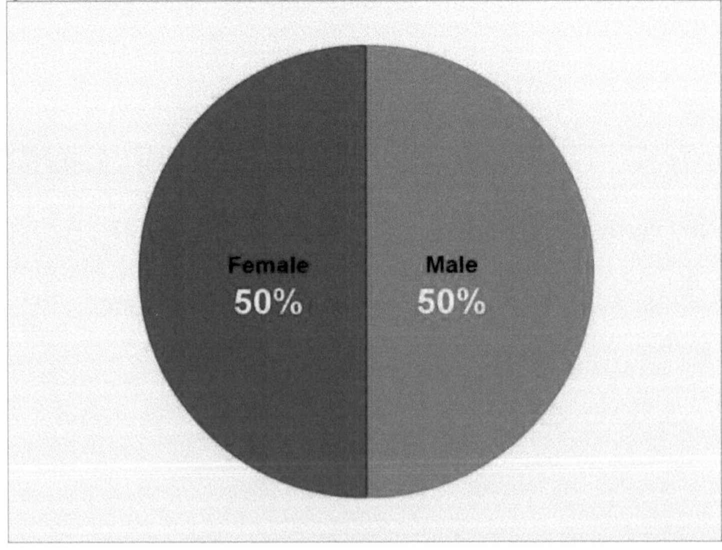

Tabela 8: Antigénio Rh D fraco positivo em relação à idade

Age	Frequency	Percent	Cumulative Percent
16	1	12.5	12.5
19	1	12.5	25
22	1	12.5	37.5
25	2	25	62.5
26	1	12.5	75
32	1	12.5	87.5
33	1	12.5	100
Total	**8**	**100**	

Gráfico de barras 3: Antigénio Rh D fraco positivo em relação à idade

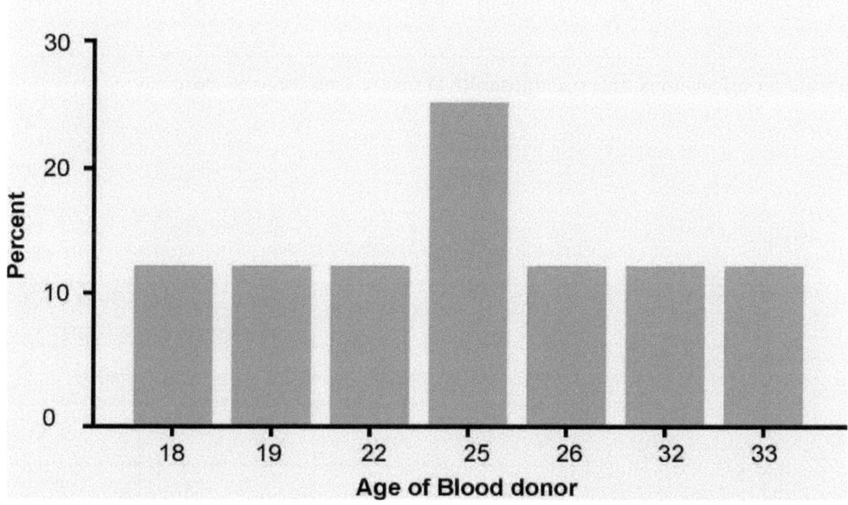

Tabela 9: Correlação entre a idade e o antigénio Rh D fraco

		Weak Rh D antigen	Age of Blood donor
Weak Rh D antigen	Pearson Correlation	.(a)	.(a)
	Sig. (2-tailed)	.	.
	N	8	8
Age of Blood donor	Pearson Correlation	.(a)	1
	Sig. (2-tailed)	.	.
	N	8	8

a Não pode ser calculado porque o antigénio Rh D fraco é uma variável constante

Quadro 10: Correlação entre o género e o antigénio Rh D fraco

		Gender of Blood donor	Weak Rh D antigen
Gender of Blood donor	Pearson Correlation	1	.(a)
	Sig. (2-tailed)	.	.
	N	8	8
Weak Rh D antigen	Pearson Correlation	.(a)	.(a)
	Sig. (2-tailed)	.	.
	N	8	8

a Não pode ser calculado porque o antigénio Rh D fraco é uma variável constante

Quadro 11: Teste do qui-quadrado para o antigénio Rh D fraco

	Observed N	Expected N	Residual
Weak Rh D antigen			
Positive	8	8.0	.0
Total	8(a)		

a = a variável antigénio Rh D fraco é constante. O teste do qui-quadrado não pode ser efectuado.

Discussão

A atribuição adequada do estatuto Rh D fraco é de importância crítica na medicina transfusional moderna. Este estudo investigou o estatuto dos dadores de sangue que doaram sangue no CCRB de Nairobi, que até à data tem permanecido totalmente inexplorado.

A prevalência de antigénios D fracos varia a nível mundial, dependendo dos métodos utilizados e da raça. Neste estudo, 384 amostras de dadores de sangue foram serologicamente tipadas e verificou-se que 8 apresentavam o antigénio Rh D fraco, o que corresponde a uma prevalência de 2,1%.

O Rh D é muito imunogénico e cerca de 20-30 % dos doentes Rh D negativos que recebem grandes volumes de unidades de sangue com antigénio D positivo tornam-se anti-D (Daniels *et,al;* 2007). Isto indica que as implicações destes resultados podem ter um grande alcance na medicina transfusional.

As unidades de sangue de dadores D positivos fracos podem representar um risco de alo-imunização em receptores de transfusão Rh D negativos, reacções de transfusão e doença hemolítica do feto e do recém-nascido para mães Rh D negativas portadoras de fetos Rh D positivos (Wagner *et al;* 2005, Daniels, 2002).

A análise serológica dos antigénios Rh D é conhecida desde 1964. Hoje em dia, existem mais de 200 variantes D reconhecidas (C.Opoku *et, al;* 2008), embora na maioria dos casos possam ser diferenciadas serologicamente, outras não reagem diretamente com os anti-soros D disponíveis no mercado, exigindo assim uma tipagem alargada e uma análise molecular.

Os resultados de 2,1% de prevalência são inferiores aos do Gana, 6,45% (C.Opoku *et,al;* 2008). Embora estas amostras tenham sido consideradas RhD negativas na primeira e segunda rondas de tipagem serológica com anti-D, apresentaram uma reatividade fraca com o teste de antiglobulina indireta (IAG) ou o teste de Coombs indireto.

Comparando o resultado do estudo com outros dados documentados de outros países, é evidente que existem grandes variações em diferentes populações, como demonstrado pelos 6,45% do Gana, conforme citado por C.Opoku *et, al;* 2008, 0,2-1% nos caucasianos (Daniels 2010), 0,01% de prevalência da população indiana (R.N. Makroo *et, al;* 2010) e 0,14% de prevalência na população da Albânia (Xhetani.M. Seferi I *et.al;* 2014). Isto mostra que a prevalência de D fraco é diferente em diferentes países e populações ou raças, o que torna ainda mais importante para todos os países estabelecer a prevalência de antigénios RD fracos.

No entanto, a fraca prevalência de Rh D de 2,1% realça a distribuição deste tipo de grupo sanguíneo no CCRB de Nairobi, o que é comparável com outra literatura documentada de diferentes países.

Conclusão

- O estudo revelou que a prevalência pontual de antigénio Rh D fraco na população de dadores do CCRB de Nairobi é de 2,1%.
- Que o resultado dos resultados não foi influenciado pela idade ou pelo género

Recomendação

Embora os resultados deste teste pareçam ideais, é necessário efetuar este tipo de análise em todos os locais do Serviço Nacional de Transfusão de Sangue do Quénia.

A tipagem molecular e alargada deve ser introduzida para melhorar a determinação deste tipo de antigénio D fraco.

Este teste de globulina anti-humana deve ser recomendado a todos os doentes com amostras no local de prestação de cuidados que apresentem um tipo negativo de anti-D monoclonal.

Referências

1. Agre PC, et al; (2002). Uma proposta para normalizar a terminologia do antigénio D fraco. Transfusion. 1992 Jan; 32(1):86-7.

2. Argall CL, Ball JM, Trentelman E. Presença de anti-D no soro de um doente com D^u . J lab Clin Med 1953; 41: 895-898. 03/03/2015

3. Avent ND, e Reid E.M. O sistema de grupos sanguíneos Rh: uma revisão. Blood 2000; 95: 375387 03/03/2015

4. Connie WM. Complexidades do Rh: serologia e genotipagem de ADN. Transfusion, 2007; 47: 17s-22s. 03/03/2015Cid J, Lozano M, Fernandez Aviles F, *et al*.Aloimunização anti-D após transplante de células estaminais hematopoiéticas alogénicas D-mismatched em doentes com doenças hematológicas. Transfusion 2006; 46:169.

5. Contreras M, *et al*; (1987) de Silva M, Teesdale P, Mollison PL. O efeito de anticorpos Rh de ocorrência natural na sobrevivência de eritrócitos serologicamente incompatíveis. Br J Haematol 1987; 65:475.

6. Daniels G: (2013) Variantes de Rh D, testes actuais e consequências clínicas. British Journal of haeamtology,2013,161,461-470

7. Daniels G: Grupos sanguíneos humanos. 2nd edn. Oxford: Blackwell Science Ltd, 2002

8. Daniels G. e Brommilow I. Essential Guide to Blood Groups (Guia essencial dos grupos sanguíneos). 2nd end Willey-Blackwell Ltd, 2010

9. Daniels G, (2005).A genética molecular do polimorfismo do grupo sanguíneo. Imunologia dos transplantes 2005;14: 143-153

10. Daniels G, Finning K., Martin P, SummersJ. Fetal RhD genotyping A more efficient use of anti-D immununoglobuline. Transfusion Clinique et Bioloque 2007; 14: 5571

11. Daniels G. e Reid ME. Grupos sanguíneos: os últimos 50 anos. Transfusion 2010; 50(2): 281-9.

12. Denomme GA, Wagner FF, Fernades BJ; *et al* ;(2005): D parcial, tipos D fracos e novos alelos RHD em 33.864 pacientes multiétnicos: implicações para a aloimunização e prevenção anti-D. Transfusion 2005; 45(10): 1554-60.

13. Flegel WA e Wagner FF. Molecular biology of partial D and weak D: Implications for blood bank practice. Clin Lab 2002; 48(1-2): 53-9

14. Flegel W A: (2006).Genética molecular da RH e sua aplicação clínica. Transfusion: Clin Biol: 2006; 13(1-2): 4-12.

15. Flegel W A: (2011).Genética molecular e aplicação clínica para RH. Transfusion Apher Sci: 2011; 44(1): 81-91.

16. Flegel W.A. (2007).A genética do sistema de grupos sanguíneos Rhesus. Revisão em Transfusão de Sangue. 2007; 5(2): 50-57

17. Kormoczi GF. 106 Fenótipos RhD invulgares - avanços recentes e implicações clínicas. ISH EAD 2007. S23-25. Hungria

18. Liu W. Et al, (1999). Configuração molecular dos epítopos Rh D definidos por mutagénese dirigida ao local e expressão de construções Rh mutantes em células de eritroleucemia K562. *Sangue* 1999; 94: 3986-96

19. Opoku-Okrah *et al;* (.2008). A deteção do fenótipo D fraco (Du) ... 02/03/2015 Jornal de Ciência e Tecnologia, Vol. 28, No. 3, Dez., 2008 02/03/2015

20. Olovnikova N.I ,et al;(1992). Anticorpos monoclonais anti-Rho [D] antigénio

21. características serológicas dos anticorpos monoclonais **IgG1**.Gematol Transfuziol.1992.37 ;(9-10):5-9.

22. P i S A e K A. M, F L i D R O V A. H. (1996). Resultados dos testes serológicos das variantes D e dos antigénios D fracos. TCB. 1996; 6:369-371.

23. Prasad MR, et al; (2006). Anti-D em gravidezes Rh positivas. Am J Obstet Gynecol 2006; 195:1158.

24. Scott M L. A complexidade do sistema Rh. Blood Transfusion.2004; vol 87: s1: 58-62.

25. Scott ML: Secção 1A: Relatório do coordenador da serologia Rh. *Transfus Clin Biol* 2002; 9: 23-9

26. Wagner F.F, et al; (1999). Molecular basis of weak D phenotypes presented at the 25th congress of the International Society of Blood Transfusion. Sangue: 1999; 93; 1: 385-395.

27. Wagner F.F, et al; (2000). Os alelos D fracos expressam fenótipos distintos. Blood. 2000; 95: 2699-2708.

28. Wagner F.F, et al; (2002). DNB: um D parcial com anti-D presente na Europa Central. Blood. 2002; Vol 100: 6; 2253-2256

29. Blood Transfus. 2014 Oct; 12(4): 565-569. Pré-publicado online 2014 Jun
12. doi: 10.2450/2014.0240-13

30. R.N.Makroo, et,al;(2010). Prevalência de D fraco entre os dadores de sangue indianos. "Jornal Asiático de Ciência da Transfusão 2010: 4(2). 137-139

31. Transfusion. 2005 Oct; 45(10):1554-60. [Acedido em 18/04/2015]

32. Xhetani.M. M. Seferi I. et, al; (2014). Distribuição de antigénios do grupo sanguíneo Rhesus e

alelos D fracos na população da Albânia. Transfusão de sangue. 2014; 12(4): 565-569.

33. http://www.ualberta.ca/~pletendr/tm-modules/rh/70rh-weakd.html **©1999 Division of Medical Laboratory Science University of Alberta aberto em 21/03/2015**

34. http://bloodjournal.hematologylibrary.org/content/100/6/2253.full.pdf. Franz F. *et al;* (2002) DNB: um D parcial com anti-D frequente na Europa Central [Acedido a 08/02/2015]

35. www.ncbi.nlm.nih.gov/pubmed/16563832. Genome GA et al; <2005) - D parcial, tipos D fracos e novos alelos RHD em 33 864 pacientes multiétnicos: implicações para a aloimunização e prevenção anti-D.

36. http://www.ncbi.nih.gov/pmc/article/PMC4212038.Merita Xhetan *etal* (2014) Distribuição dos antigénios do grupo sanguíneo Rhesus e dos alelos *D* fracos na população da Albânia Blood Transfus. 2014 Oct; 12(4): 565-569. Republicado online 2014 Jun 12. doi: 10.2450/2014.0240-13 [[Acedido em 19/02/2015]

37. http://ajcp.ascpjournals.org/content/134/3/438.full.Dehua Wang. *et al* ; (2010). Prevalência de Variantes RhD, Confirmadas por Genotipagem Molecular, numa População Pré-Natal Multiétnica. DOI: 10.1309/AJCPSXN9HQ4DELJE (19/04/2015)

Apêndices

1.1 Questionário do dador do Serviço Nacional de Transfusão de Sangue do Quénia (KNBTS)

O presente questionário é composto por duas partes; queira responder a todas as perguntas assinalando a casa correspondente ou preenchendo os espaços previstos para o efeito.

Local da clínica

Código da clínica:

Número do doador

Formulário de registo de doador (Os doadores devem preencher esta secção abaixo)

Apelido

Nomes

Número de identificação nacional:

Data de nascimento: *I. I.* Sexo: F/M

Grupo etário:

16-20 [ ]

21-25 [ ]

26-30 [ ]

31-35 [ ]

36-40 [ ]

41-45 [ ]

46-50 [ ]

51-55 [ ]

56-60 [ ]

61-65 [ ]

Dados de contacto:

Endereço postal (onde gostaria de receber a sua correspondência Código

Número de telefone de casa: Número de telemóvel:

Correio eletrónico:

Profissão:

Quando foi a última vez que doou sangue?

Grupo sanguíneo:

Questionário de saúde

Instruções: Faça um círculo à volta da resposta correcta

1. Sente-se bem e de boa saúde hoje? Sim/Não
2. Comeu nas últimas 6 horas? Sim/Não
3. Alguma vez desmaiou? Sim/Não

Nos últimos 6 meses Sim/Não

4. esteve doente, recebeu algum tratamento ou medicação? Sim/Não
5. Recebeu alguma injeção ou vacina (imunização)? Sim/Não
6. Mulheres dadoras: Esteve grávida ou a amamentar? Sim/Não

Nos últimos 12 meses Sim/Não

7. Recebeu uma transfusão de sangue ou quaisquer produtos sanguíneos? Sim/Não

Tem ou já teve:

8. Tem problemas cardíacos ou pulmonares, por exemplo, asma? Sim/Não
9. Uma condição hemorrágica ou uma doença do sangue? Sim/Não
10. Algum tipo de cancro? Sim/Não
11. Diabetes, epilepsia ou tuberculose? Sim/Não
12. Qualquer outra doença de longa duraçãoSim/Não

    Especificar

Secção C

Questionário de avaliação de riscos

Por favor, responda às seguintes perguntas com a máxima honestidade. As suas respostas serão tratadas de forma confidencial.

Assinale(x) na resposta correcta

Nos últimos 12 meses

1. Recebeu ou deu dinheiro, bens ou favores em troca de actividades sexuais? Sim/Não
2. Teve atividade sexual com uma pessoa cujo passado desconhece? Sim/Não
3. Foi violado ou sodomizado? Sim/Não
4. Foi esfaqueado ou sofreu um ferimento acidental com uma agulha, por exemplo, uma agulha de injeção? Sim/Não
5. Tem alguma tatuagem ou piercing no corpo, por exemplo, piercing na orelha? Sim/Não
6. Teve uma doença sexualmente transmissível (DST)? Sim/Não
7. Vive ou teve contacto sexual com alguém com olhos amarelos ou pele amarela? Sim/Não
8. Teve atividade sexual com alguém para além do seu parceiro sexual habitual? Sim/Não

Já alguma vez:

9. Tinha olhos amarelos ou pele amarela? Sim/Não
10. Injectou-se ou foi injetado, para além de numa unidade de saúde? Sim/Não
11. Consumiu drogas não medicinais, como marijuana, cocaína, etc.? Sim/Não
12. Você ou o seu parceiro fizeram o teste do VIH? Sim/Não
13. Considera que o seu sangue é seguro para ser transfundido num doente? Sim/Não

Declaração do cliente

Declaro que as informações que forneci acima são correctas.

Tomei conhecimento de que o meu sangue será submetido a análises para deteção do VIH, da hepatite B e C e da sífilis e que os resultados das minhas análises podem ser obtidos junto do

Serviço Nacional de Transfusão de Sangue

Dou *ou* não dou o meu consentimento para que a minha amostra de sangue seja utilizada num estudo sobre a hepatite B. (assinalar com um círculo, se aplicável)

Assinatura:

Data:

Para uso oficial:

Weight (kg)	Hb >12.5g/dl	BP	Pulse

Donor is Accepted	
Yes	No

Low Volume	> 1 Venepuncture	Haematoma	Faint		
			Mild	Moderate	Severe

Time Needle In	00h00	Time Needle Out	00h00

Relatório:

Nome do entrevistador:

Data:

1.2: Idade dos dadores de sangue

Age	Frequency	Percent	Cumulative Percent
16	9	2.3	2.3
17	37	9.6	12.0
18	54	14.1	26.0
19	21	5.5	31.5
20	25	6.5	38.0
21	17	4.4	42.4
22	21	5.5	47.9
23	10	2.6	50.5
24	28	7.3	57.8
25	14	3.6	61.5
26	13	3.4	64.8
27	13	3.4	68.2
28	18	4.7	72.9
29	10	2.6	75.5
30	11	2.9	78.4
31	5	1.3	79.7
32	11	2.9	82.6
33	7	1.8	84.4
34	10	2.6	87.0
35	7	1.8	88.8
36	3	0.8	89.6
37	5	1.3	90.9
38	3	0.8	91.7

Age	Frequency	Percent	Cumulative Percent
39	5	1.3	93.0
40	4	1.0	94.0
41	4	1.0	95.1
42	2	0.5	95.6
43	2	0.5	96.1
44	4	1.0	97.1
45	1	0.3	97.4
46	1	0.3	97.7
47	1	0.3	97.9
48	3	0.8	98.7
51	1	0.3	99.0
53	1	0.3	99.2
55	1	0.3	99.5
58	1	0.3	99.7
61	1	0.3	100.0
Total	**384**	**100.0**	

1.3. Anti-D Manual Insert

EUROCLONE
Anti-D (Rho)
(IgM+IgG)
ANTICORPOS MONOCLONAIS PARA TIPAGEM SANGUÍNEA
PARA ENSAIOS EM LÂMINAS E TUBOS

RESUMO

Os anticorpos monoclonais são derivados de linhas celulares de hibridoma, criadas através da fusão de linfócitos B produtores de anticorpos de ratinho com células de mieloma de ratinho, ou são derivados de uma linha de células B humanas através da transformação do EBV. Cada linha de células de hibridoma produz anticorpos homogéneos de apenas uma classe de imunoglobulina, que são idênticos na sua estrutura química e atividade imunológica.

Os glóbulos vermelhos humanos são classificados como Rh positivo ou Rh negativo, dependendo da presença ou ausência do antigénio D. Cerca de 85% da população caucasiana é Rh positivo. O fenótipo D^u é uma variante do antigénio D e é reconhecido através da realização do teste de antiglobulina.

Cerca de 60% dos D "s podem reagir com EUROCLONE Anti-D (IgM+IgG) em testes de lâmina e cerca de 90% podem ser detectados pela técnica de tubo.

REAGENTE

O EUROCLONE Anti-D (IgM + IgG) é um reagente pronto a utilizar, preparado a partir de sobrenadantes de culturas celulares com linfócitos B produtores de anticorpos obtidos através da transformação do EBV e é uma mistura de anticorpos monoclonais das classes de imunoglobulinas IgM e IgG. Estes anticorpos são uma mistura de vários anticorpos monoclonais com a mesma especificidade, mas com a capacidade de reconhecer diferentes epítopos do antigénio D (Rho) dos glóbulos vermelhos humanos.

O EUROCLONE Anti-D é uma mistura de monoclonais das classes IgM e IgG, uma caraterística que confere versatilidade ao reagente. Confere a um reagente ávido de teste em lâmina com reação salina a capacidade de detetar D" na fase da globulina anti-humana.

Cada lote de reagentes é submetido a um rigoroso controlo de qualidade em várias fases de fabrico para verificar a sua especificidade, avidez e título.

ARMAZENAMENTO E ESTABILIDADE DOS REAGENTES

1. Armazenar o reagente a 2-8 "C. **NÃO CONGELAR.**
2. O prazo de validade do reagente é o prazo de validade indicado no rótulo do frasco do reagente.

PRINCÍPIO

Os glóbulos vermelhos humanos que possuem o antigénio D aglutinam-se na presença de anticorpos dirigidos ao antigénio. A aglutinação de glóbulos vermelhos com o reagente EUROCLONE Anti-D (IgM+IgG) é um resultado positivo e indica a presença do antigénio D. A não aglutinação com o reagente é um resultado negativo e indica a ausência do antigénio D. Todos os resultados de teste negativos devem ser novamente testados para D^u através da realização do procedimento de teste D^u, conforme descrito mais adiante.

NOTA

Reagente de diagnóstico in vitro apenas para uso laboratorial e profissional. Não se destina a uso medicinal.
O reagente EUROCLONE Anti-D (IgM+IgG) não é de origem humana, pelo que a contaminação por HBsAg e VIH está praticamente excluída.
O reagente contém azida de sódio a 0,1 % como conservante. Evitar o contacto com a pele e as mucosas. Em caso de eliminação, lavar com grandes quantidades de água.
Uma turvação extrema pode indicar contaminação microbiana ou desnaturação da proteína devido a danos térmicos. Estes reagentes devem ser eliminados.

RECOLHA E ARMAZENAMENTO DE AMOSTRAS

Não é necessária qualquer preparação especial do doente antes da colheita de amostras através de técnicas aprovadas. As amostras devem ser armazenadas a 2-8 "C se não forem testadas imediatamente. Não utilizar amostras hemolisadas.
O sangue anticoagulado com vários anticoagulantes deve ser testado dentro do período de tempo abaixo mencionado:

EDTA ou Heparina	: 2 dias
Citrato de sódio/ Oxalato de sódio	: 14 dias
ACDorCPD	: 28 dias

MATERIAL ADICIONAL NECESSÁRIO PARA OS ENSAIOS EM LÂMINAS E TUBOS

Lâminas de vidro (50 x 75 mm), tubos de ensaio (10 x 75 mm), pipetas de Pasteur, soro fisiológico isotónico, centrifugadora, temporizador, varas de mistura, reagente de globulina anti-humana (Coombs).

PROCEDIMENTO DE ENSAIO

Colocar o reagente e a temperatura ambiente antes do teste.

Teste de lâminas

1. Colocar uma gota do reagente EUROCLONE Anti-D (IgM+IgG) numa lâmina de vidro limpa.
2. Pipetar uma gota igual de sangue total para a lâmina.
3. Misturar bem com uma vara de mistura uniformemente numa área de aproximadamente 2,5 cm^2.
4. Balance o escorrega suavemente, para a frente e para trás.
5. Observar a aglutinação macroscopicamente após dois minutos.

Teste de tubo

1. Preparar uma suspensão a 5% dos eritrócitos a testar em solução salina isotónica.
2. Colocar uma gota do reagente EUROCLONE Anti-D (IgM+IgG) em tubos de ensaio rotulados.
3. Pipetar para o tubo de ensaio uma gota da suspensão de células a 5% e misturar bem.
4. Centrifugar durante um minuto a 1000 rpm (125 g) ou 20 segundos a 3400 rpm (1000 g).
5. Ressuspender suavemente o botão de células, observando macroscopicamente a aglutinação.

D^u Procedimento de ensaio

1. Preparar uma suspensão a 5% dos eritrócitos a testar em solução salina isotónica.
2. Colocar uma gota do reagente EUROCLONE Anti-D (IgM+IgG) num tubo de ensaio rotulado.
3. Adicionar ao tubo de ensaio uma gota da suspensão de células, misturar bem e incubar a 37°C durante 15 minutos.
4. Lavar o conteúdo do tubo cuidadosamente, pelo menos três vezes, com solução salina isotónica e decantar completamente após a última lavagem.
5. Adicionar duas gotas de reagente anti-globulina humana e misturar bem.
6. Centrifugar durante 1 minuto a 1000 rpm (125 g) ou 20 segundos a 3400 rpm (1000 g).
7. Muito suavemente, ressuspender o botão de células e observar macroscopicamente a aglutinação.

INTERPRETAÇÃO DOS RESULTADOS

Testes de lâminas e tubos

(a) A aglutinação é um resultado positivo do teste e indica a presença do antigénio D. Não interpretar a dessecação periférica ou os filamentos de fibrina como aglutinação. A ausência de aglutinação é um resultado negativo do teste e indica a ausência do antigénio D.

(b) As células do cordão umbilical, fortemente sensibilizadas com Anti-D, podem dar um resultado falso negativo no teste de centrifugação imediata.

D "TestProcedure

(a) A aglutinação indica a presença do antigénio "D". A ausência de aglutinação indica a ausência do antigénio "D".

(b) A aglutinação em campo misto no teste "D" em eritrócitos de uma mulher que acabou de dar à luz pode indicar uma mistura de sangue materno Rh negativo e fetal Rh positivo.

(c) Os glóbulos vermelhos que demonstram um teste de antiglobulina direta positivo não podem ser testados com precisão para o antigénio D^u.

OBSERVAÇÕES

Uma vez que a subcentrifugação e a sobrecentrifugação podem conduzir a resultados erróneos, recomenda-se que cada laboratório calibre o seu próprio equipamento e o tempo necessário para obter os resultados desejados.

GARANTIA

Este produto foi concebido para funcionar conforme descrito no rótulo e no folheto informativo. O fabricante renuncia a qualquer garantia implícita de utilização e venda para qualquer outro fim.

BIBLIOGRAFIA

1. Kohler C. & Milstein C. (1975), Continuous cultures of fused cells secreting antibody of predefined specificity (Culturas contínuas de células fundidas que segregam anticorpos de especificidade predefinida), Nature, 256, 495-497.
2. Lee H.H., Rouger R, Germain C" Muller A & Salmon C. (1983). A produção e normalização de anticorpos monoclonais como reagentes de tipagem de grupos sanguíneos AB. Simpósio da Associação Internacional de Normalização Biológica sobre Anticorpos Monoclonais.
3. Race R. & Sanger R., Blood Groups in Man, 6ª ed., Blackwell Oxford, 1975.
4. Technical Manual, American Association of Blood Banks, nona edição, 1985,127-153.
5. Dados em ficheiro: Euro Medi Equip Ltd., Reino Unido.

EME-15/0407/AE/VER-1

EUROMEDI EQUIP LTD.
48, WEIBECK ROAD, WEST HARROW,
MIDDX, HA2 ORW, U.K.

EME

1.4. Folheto informativo da globulina anti-humana

REAGENTE EUROCLONE ANTI-GLOBULINA HUMANA

PARA TESTES DIRECTOS E INDIRECTOS DE ANTIGLOBULINA

RESUMO

Os anticorpos Rh são de dois tipos, nomeadamente os completos e os incompletos, enquanto os anticorpos completos aglutinam os glóbulos vermelhos em meio salino, o tipo incompleto de anticorpo sensibiliza os glóbulos vermelhos sem aglutinação. Normalmente, os anticorpos da classe IgM e IgG, e os anticorpos da classe IgG do tipo IgG_3 fixam o complemento. A lise das células, *in vivo,* é mediada pelo sistema do complemento e o componente do complemento C_3 b é posteriormente ativado para produzir C_3 d. Os anticorpos auto-frios, bem como alguns anticorpos específicos de grupos sanguíneos, podem pertencer a qualquer uma das três classes de imunoglobulinas, ou seja, IgA, IgM e IgG. Assim, é imperativo que um reagente de globulina anti-humana verdadeiramente polivalente seja padronizado para detetar tipos de anticorpos não IgG, para além de IgG, C_3 b e C_3 d.

Nos testes directos de antiglobulina, é utilizado o reagente antiglobulina humana para demonstrar os anticorpos adsorvidos aos glóbulos vermelhos *in vivo.*

Nos testes indirectos de antiglobulina, é utilizado o reagente antiglobulina humana para detetar anticorpos adsorvidos aos glóbulos vermelhos *in vitro.*

O reagente anti-globulina humana é útil para testes de compatibilidade, deteção de anticorpos, identificação de anticorpos, testes de sangue vermelho do cordão umbilical e deteção da variante "D" do antigénio D (Rho) dos glóbulos vermelhos humanos.

REAGENTE

A EUROCLONE Anti human globulin é uma mistura pronta a usar de imunoglobulinas altamente purificadas criadas em ovinos através de imunização específica. Contém Anti IgG, Anti IgM, Anti IgA e anticorpos para os componentes do complemento humano C_3 b. A EUROCLONE Anti human globulin contém também anticorpo monoclonal anti-C_3 d da classe IgM para conferir a sensibilidade necessária ao reagente.

Os títulos individuais dos componentes do reagente EUROCLONE Anti globulina humana são os seguintes

Anti IgG=1:512, Anti C_3 b-1:32, Anti C_3 d-1:16.

Cada lote de reagente é submetido a um rigoroso controlo de qualidade em várias fases de fabrico para verificar a sua especificidade, avidez e título.

ARMAZENAMENTO E ESTABILIDADE DOS REAGENTES

a) Armazenar o reagente a 2-8'C. NÃO CONGELAR.

b) O prazo de validade do reagente é o prazo de validade indicado no rótulo do frasco do reagente.

PRINCÍPIO

Os glóbulos vermelhos humanos normais, na presença de anticorpos dirigidos contra o antigénio que possuem, podem não se aglutinar e ficar sensibilizados. Tal pode dever-se à natureza particular do antigénio e do anticorpo envolvidos. O reagente EUROCLONE anti-globulina humana reagiria com eritrócitos sensibilizados com gamaglobulinas ou componentes do complemento humano envolvidos e causaria a aglutinação dos eritrócitos.

NOTA

(1) Reagente de diagnóstico in vitro apenas para uso laboratorial e profissional. Não se destina a uso medicinal. (2) O reagente contém azida de sódio 0,1% como conservante. Evitar o contacto com a pele e as mucosas. Em caso de eliminação, lavar com grandes quantidades de água. (3) Uma turvação extrema pode indicar contaminação microbiana ou desnaturação da proteína devido a danos térmicos. Este tipo de reagente deve ser eliminado. (4) Os reagentes EUROCLONE não provêm de fontes humanas, pelo que a contaminação por HBsAg e VIH está praticamente excluída.

RECOLHA E ARMAZENAMENTO DE AMOSTRAS

Não é necessária qualquer preparação especial do doente antes da colheita de amostras através de técnicas aprovadas. Não utilizar amostras hemolisadas.

Para o teste direto de antiglobulina: É preferível o sangue colhido em EDTA, mas pode ser utilizado sangue total oxalado, citratado ou coagulado. A amostra de sangue deve ser analisada o mais rapidamente possível após a colheita e não deve ser armazenada.

Para o teste indireto de antiglobulina: Deve ser utilizado soro com, no máximo, 48 horas. As unidades de dadores podem ser testadas até ao final da sua datação.

PREPARAÇÃO DE CÉLULAS DE CONTROLO DE COOMBS

(1) Diluir o reagente anti-D do tipo IgG 1:50 em solução salina isotónica. (2) Preparar uma suspensão a 5% de células positivas do grupo "O" em solução salina isotónica. (3) Misturar volumes iguais de reagente anti-D diluído da classe IgG (como em 1 acima) e 5% de suspensão de células Rh positivas do grupo "O" (como em 2 acima) e incubar a 37 "C durante 15 minutos. (4) Decantar e lavar cuidadosamente com tubos cheios de solução salina isotónica pelo menos três vezes. (5) Ressuspender em solução salina isotónica para fazer uma suspensão de 5% de células de controlo de coombs.

MATERIAL ADICIONAL NECESSÁRIO

Para o teste direto de antiglobulina: Tubos de ensaio (10 x 75 mm), pipetas de Pasteur, centrifugadora, soro fisiológico isotónico, células de controlo de Coombs, auxiliar ótico.

Para teste indireto de antiglobulina e teste de compatibilidade: Tubos de ensaio (10 x 75 mm), pipetas Pasteur, EUROCLONE Albumina de soro bovino, centrifugadora, incubadora (37°C), soro fisiológico isotónico, células de controlo de Coombs, auxiliar ótico.

PROCEDIMENTO

Colocar o reagente à temperatura ambiente antes do teste.

Teste direto de antiglobulina

(1) Preparar uma suspensão a 5% dos eritrócitos a testar em soro fisiológico isotónico. (2) Pipetar uma gota da suspensão celular para um tubo de ensaio. (3)Encher o tubo com solução salina isotónica fresca e centrifugar durante 30 segundos a 3400 rpm (1000 g).(4)Decantar e repetir esta lavagem pelo menos três vezes. (5) Adicionar duas gotas do reagente EUROCLONE Anti globulina humana e misturar bem. (6) Centrifugar durante um minuto a 1000 rpm (125 g) ou durante 20 segundos a 3400 rpm (1000 g).(7) Muito suavemente, ressuspender o botão de células, observando macroscopicamente a aglutinação. (8) Em todos os testes de antiglobulina negativos, adicionar uma gota de células de controlo de Coombs e observar a aglutinação.

Teste indireto de antiglobulina

PROCEDIMENTO DOS GRANDES CRUZAMENTOS

Fase inicial

(1) Rotular dois tubos de ensaio como A (para a albumina) e B (para o soro fisiológico), dependendo do número de dadores a cruzar, tantos pares de tubos rotulados quantos os necessários. (2) Preparar uma suspensão a 5% dos eritrócitos a testar em solução salina isotónica. (3) Pipetar duas gotas de soro do recetor em ambos os tubos de ensaio rotulados. (4) Pipetar uma gota de eritrócitos do dador em ambos os tubos de ensaio rotulados e misturar bem. (5) Adicionar duas gotas do reagente EUROCLONE Bovine serum albumin apenas ao tubo da albumina (A) e misturar bem. (6) Centrifugar ambos os tubos durante um minuto a 1000 rpm (125 g) ou durante 20 segundos a 3400 rpm (1000 g). (7) Observar primeiro a hemólise. Ressuspender o botão de células e observar a aglutinação macroscopicamente. (8) Passar à fase de incubação.

Fase de incubação

(1) Incubar o tubo com soro fisiológico à temperatura ambiente e o tubo com albumina a 37°C durante 15 minutos. (2) Observar primeiro a hemólise. Ressuspender o botão de células e observar macroscopicamente a aglutinação. (3)Proceder à fase de antiglobulina.

Fase de antiglobulina

(1) Apenas os tubos de albumina (A) são testados na fase de antiglobulina. (2) Lavar cuidadosamente a mistura de glóbulos vermelhos e soro com soro fisiológico isotónico, pelo menos três vezes. Decantar completamente após a última lavagem. (3) Introduzir uma gota do reagente EUROCLONE anti-globulina humana nos tubos de ensaio que contêm as células sedimentadas e misturar bem. (4) Centrifugar durante um minuto a 1000 rpm (125 g) ou durante 20 segundos a 3400 rpm (1000 g). (5) Muito suavemente, ressuspender o botão de células e observar a aglutinação macroscopicamente.

INTERPRETAÇÃO DOS RESULTADOS

Teste direto de antiglobulina

A aglutinação dos glóbulos vermelhos é um resultado positivo do teste e indica a presença de IgG humana ou de componentes do complemento nos glóbulos vermelhos.

A ausência de aglutinação é um resultado negativo e indica a ausência de IgG humana ou de componentes do complemento nos glóbulos vermelhos.

Teste indireto de antiglobulina

Em todas as fases do teste de compatibilidade, se não for observada aglutinação ou hemólise, o doente e o dador podem ser considerados compatíveis. Se for observada hemólise ou aglutinação em qualquer momento até à conclusão da fase de antiglobulina, o doente e o dador são considerados incompatíveis.

OBSERVAÇÕES

(1) Se for utilizado plasma no teste indireto de antiglobulina, os anticorpos dependentes do complemento podem não ser detectados devido à ausência de cálcio.

(2) A todos os resultados negativos do teste, após a fase de teste de antiglobulina, deve ser adicionada uma gota de células de controlo de Coombs. Se as células de controlo de Coombs não aglutinarem, o teste de compatibilidade deve ser repetido. (3) No procedimento do teste indireto de antiglobulina, deve ser utilizado um tubo de autocontrolo (células do indivíduo no seu próprio soro). (4) Os glóbulos vermelhos que apresentem um teste direto de antiglobulina positivo não podem ser utilizados para o teste indireto de antiglobulina. (5) Recomenda-se que a atividade anti-IgG do reagente de globulina humana seja testada periodicamente, utilizando células de controlo de Coombs como controlo positivo. (6) A albumina de soro bovino, a solução salina ou o material de vidro contaminados podem inativar o reagente de globulina humana. (7) Sabe-se que a utilização de vários medicamentos e certas doenças (como a anemia megaloblástica) estão associadas a um teste de antiglobulina direto positivo. (8) As células do cordão umbilical obtidas de um recém-nascido que apresente doença hemolítica do recém-nascido, especialmente devido a incompatibilidade ABO, podem dar resultados falsos negativos. (9) O reagente EUROCLONEAnti globulina humana não contém Anti-C e não contém Anti-T. (10) Uma vez que a subcentrifugação ou a sobrecentrifugação podem conduzir a resultados erróneos, recomenda-se que cada laboratório calibre os seus próprios equipamentos e o tempo necessário para obter os resultados desejados.

GARANTIA

Este produto foi concebido para funcionar conforme descrito no rótulo e no folheto informativo. O fabricante renuncia a qualquer garantia implícita de utilização e venda para qualquer outro fim.

BIBLIOGRAFIA

(1) Kohler C, & Milstein C. (1975), Continuous cultures of fused cells secreting antibody of predefined specificity, Nature, 256,495-497. (2) Lee H. H., Rouger R, Germain C., Mulier A & Salmon C. (1983), The production and standardisation of monoclonal antibodies as AB blood group typing reagents, Symposium of International Association of Biological Standardisation of monoclonal antibodies. (3) Race R. & Sanger R" Blood Groups in Man, 6th Ed., Blackwell, Oxford 1975. (4) Manual Técnico da Associação Americana de Bancos de Sangue, 9ª ed., 1985,127-153. (5) Dados em ficheiro: Euromedi Equip Ltd., Reino Unido.

EME-16/0204/AE/VER-1

EUROMEDI EQUIP LTD.
48, WEIBECK ROAD, WEST HARROW,
MIDDX, HA2 ORW, U.K.

Printed by Books on Demand GmbH, Norderstedt / Germany